T1. Le robot intelligent

LA FAMILLE FOULANE

Texte et dessins
Norédine Allam

Directeur éditorial
Karim Allam

BDouin

LA FAMILLE FOULANE
T.1

Le robot intelligent

Imprimé en Turquie. ISBN : 978-99987-978-71

Salam ‘alaykum !

Moi, c’est Walad. Le petit dernier de la famille Foulane. J’ai l’immense responsabilité de vous raconter toutes nos aventures et, croyez-moi, elles risquent de beaucoup vous surprendre. Mais avant de commencer, je dois vous présenter tout le monde. Sinon, ce n’est pas poli.

D’abord, il y a Oummi, ma maman. Car oui, on commence toujours par le plus important.
Oummi travaille à la maison. Elle est blogueuse culinaire. Il paraît qu’elle est hyper connue. Mais bon, comme elle ne met jamais de photo d’elle, personne ne la reconnaît dans la rue pour lui demander un autographe.
Elle prépare de supers plats toute la journée, souvent accompagnés de gâteaux originaux. Et comme il ne faut pas faire de gaspillage, j’ai le droit de les prendre le lendemain pour le goûter à l’école.
Quand elle ne cuisine pas, Oummi passe son temps dans ses livres à étudier. Il y en a partout dans le salon.
Ses livres, elle les aime plus que tout. Mais pas plus que nous quand même…

Ensuite, y a mon papa, Abi. C’est difficile de le résumer en quelques mots. Dans la même journée, il peut être aussi bien gentil ou en colère, fatigué ou hyperactif, malade ou en pleine forme. Impossible de savoir comment il sera dans une heure !

Oummi, elle dit qu'il est solatique… ou lunatique. Je ne sais plus trop.
Il travaille dans une mektaba. C'est une sorte de librairie qui vend un peu de tout : livres, tapis, parfums, vêtements…
J'aime trop quand Abi m'y emmène. Il me laisse fouiner dans les rayons à la recherche de la perle rare.
Le truc amusant, c'est qu'on doit toujours tester les produits avant de les vendre. Moi, ma spécialité, c'est de tester les bonbons.

Et pour finir, il y a moi ! Wa…
Ah non… j'allais encore oublier. Il y a aussi ma sœur, Binti : ma GRANDE sœur.
Des fois, je lui rappelle qu'elle a juste un an de plus que moi et que ce n'est pas beaucoup. Mais elle me répète toujours que ce n'est pas un an, mais 370 jours et demi de plus que moi !

Avec Binti, c'est tout ou rien. Un jour, on est les meilleurs amis, un autre jour, les pires ennemis.
Mais dans l'ensemble, on s'entend bien. Surtout moi, car elle parle hyper fort. Bien proche de mes oreilles, au cas où je n'entendrais pas assez. Ce n'est pas grave, je patiente.
Oummi m'a dit qu'il fallait que je m'entraîne à patienter avec les filles pour plus tard car dans la vraie vie des grands, il faudra encore bien plus de patience.

Et donc pour finir, il y a moi, Walad !
Je suis le petit dernier et le chouchou de la famille ! En tout cas, c'est ce que dit Binti.
Ce que j'aime le plus, c'est être dans ma chambre avec mes jouets. J'en ai plein de toutes sortes : avions, puzzles, voitures, avions, billes, avions... Je vous ai déjà dit que j'aimais les avions ?
Plus tard, incha Allah, je serai pilote de ligne ! Comme ça, je pourrai amener Oummi à faire le hajj tous les ans et Abi à faire le tour du monde à la recherche du meilleur siwak !
Et Binti ? Elle sera ma copilote.
Mais j'ai intérêt à prévoir un bon casque...

1. Une amana mystère

DRIIINGG tap tap dring tap tap !

Il était 20 h 45 lorsque le voisin est venu frapper à la porte. Binti et moi, on savait que c'était lui car il a toujours cette étrange façon de toquer et de sonner en même temps.

M. Stroggof est notre voisin depuis toujours. C'est un Russe. Mais mon père dit que c'est étrange car il a un petit accent espagnol. Son métier est d'inventer d'incroyables machines pour le monde entier.

À chaque fois qu'il veut en tester une, il va dans le jardin et il nous la montre. Binti et moi, ça nous fait bien rire.

Une fois, il a même fabriqué une fusée propulsée par un système de moteur à neudragibus. Binti l'a appelée comme ça car, en décollant, la fusée a laissé derrière elle des bulles d'énergie de la forme de bonbons dragibus.

Ce soir-là, il était venu confier un objet important à Abi, avant de partir en urgence pour voir son frère en Russie : une invention super confidentielle, qu'il a dit.
Mon père n'aime pas beaucoup ce genre de situation car il sait qu'il ne peut rien refuser à son voisin.
Oummi nous rappelle souvent que le voisin a une position privilégiée chez le musulman.

En général, M. Stroggof n'entre jamais à la maison. Il reste juste sur le palier à parler avec Abi, puis part aussi vite qu'il est venu.

- À ton avis, il est venu demander quoi cette fois ? m'a demandé Binti.

- Je ne sais pas, moi. Hmmm. Peut-être du sirop à la fraise pour coloriser en rouge l'eau de son futur aquarium à requins mécaniques ? j'ai répondu.

- N'importe quoi ! m'a dit Binti. Je pense plutôt qu'il est venu demander du papier toilette pour écrire dessus sa nouvelle formule mathématique...

- C'est toi n'importe quoi !! Pourquoi il écrirait des chiffres sur du papier toilette ?? j'ai objecté.

- Parce que son opération est tellement longue qu'il lui faut un papier long de plus de 20 mètres pour écrire sans s'arrêter, a expliqué Binti avec assurance.

Binti, elle a toujours des idées bizarres.

Après quelques minutes, Abi est revenu au salon. Il avait une grosse boîte dans les bras. Il l'a posée sur la table basse, s'est assis sur le canapé, puis a commencé à la regarder fixement.
Oummi nous a rejoints et on s'est tous assis autour.

- C'est quoi ? a demandé Oummi.

- Le voisin vient de me confier ceci, a répondu Abi. C'est l'une de ses dernières inventions. Il m'a demandé de la garder précieusement.

- Alors, les enfants, JE VOUS PRÉVIENS ! a commencé à nous expliquer Oummi en nous pointant du doigt. C'est une amana ! Vous savez ce que ça veut dire ?!

Oh que oui, on sait ! Ça veut dire que c'est un dépôt qu'on nous a confié et le premier qui l'abîme sera puni à vie, pendant un mois. Oummi, elle ne rigole vraiment pas là-dessus.

Elle dit qu'en Islam, le dépôt est une chose importante. Si en plus, ça vient du voisin, alors là...

- Y'a quoi dedans ? a demandé Binti, toute curieuse.

- Si j'ai bien compris, il y a un robot à l'intérieur, a expliqué Abi en continuant à regarder la boîte fixement.

- Un ROBOT ?! Waouh mais c'est génial ! a dit Binti en commençant à s'exciter dans tous les sens.

- Calme-toi, Binti. Calme-toi ! a prévenu Oummi. Tu n'as pas le droit d'y toucher. D'ailleurs, PERSONNE ici n'aura le droit ! Il va rester bien au chaud dans sa boîte, dans le cagibi.

- C'est un peu plus complexe... a ajouté Abi.

- Comment ça ? a repris Oummi.

- M. Stroggof m'a demandé une faveur, a expliqué Abi. Il m'a demandé de le sortir de sa boîte et de le laisser poser dans un coin.

- Ah... mince. Ce n'est pas malin, a conclu Oummi qui avait déjà deviné que ça allait être compliqué avec nous.

Binti et moi, on ne tenait plus en place ! C'était trop de suspense pour nous.

Un robot ? Mais quel genre de robot ?

Un robot transformer qui peut se changer en avion ? Un robot mixeur pour préparer à manger ?

Un robot chien qu'on doit promener ?

Quel type de robot pouvait-il y avoir à l'intérieur ? Avec la taille de la boîte, il devait être immense !!

Abi s'est alors levé, a mis ses mains sur le carton, a déclipsé quelques verrous de sécurité, puis a commencé à soulever doucement la plus grosse partie de la boîte.

La tension était à son maximum et on sentait dans le regard d'Oummi une certaine inquiétude monter.
De notre côté, avec Binti, on bouillonnait !

- Allez Abi ! Allez ! Ouvre plus vite !!
Mais Abi, lui, prenait tout son temps...

2. Comment t'appelles-tu ?

Avec Binti, on s'était tout imaginé. Mais pas ça. L'ouverture du carton devait satisfaire notre curiosité, elle n'a fait que l'augmenter.

C'est que ce robot avait une forme étrange. Un peu comme un...

- Œuf d'autruche ! a suggéré Oummi qui, elle aussi, était très surprise par son apparence.

- Mais non, a dit Binti. C'est un robot ovoïde !

- Ovoïde ?? s'est étonné Abi. Mais qui t'a appris ce mot-là ?

- À l'école, on apprend le nom des formes, a répondu fièrement Binti. Quand un objet a la forme d'un œuf, on dit qu'il est ovoïde. Comme la tête de Walad ! HA HA HA !

- N'importe quoi !! j'ai rétorqué. Si tu continues, moi je vais te faire la tête au carré !

- Les enfants, on se calme maintenant ! a crié Oummi pour nous arrêter tout de suite avant que ça finisse en bagarre.

Ce qui est sûr, c'est que ce robot avait une forme très bizarre et, le plus étrange, il n'y avait aucun endroit pour l'allumer ou l'éteindre.

Abi avait beau le tourner dans tous les sens, impossible de trouver l'interrupteur.

Oummi a demandé à Abi comment ça fonctionnait, mais il ne s'en rappelait pas. En fait, si :

- M. Stroggof m'a dit qu'il fallait appeler le robot par son nom pour qu'il s'allume, a expliqué Abi.

- Bah très bien ! Vas-y. Appelle-le, a suggéré Oummi.

Le problème, c'est qu'Abi ne se rappelait plus du nom. Il se rappelait juste que ça finissait par « o » ou peut-être « u ». Il ne savait plus trop.

- Euh... Théo, allume-toi ! a dit Abi, en hésitant. Marco ? Jacquot ? euuh... Paco ?

- Mario, allume-toi ! a essayé Oummi, en vain.

- Coco !! s'est exclamée Binti. Coco, allume-toi !

Mais rien n'y faisait. L'œuf ne voulait toujours pas s'allumer. Il lui fallait peut-être des piles, mais aucune trappe n'était visible pour en mettre, ni aucune prise pour le brancher.

M. Stroggof nous avait confié là un vrai mystère.

- Bon, les enfants, a proposé Oummi. On va le laisser sur son socle dans un coin et on verra demain incha Allah. Il est tard. Il est temps pour vous d'aller au lit.

Ce soir-là, dans ma chambre, j'ai commencé à noter sur une feuille tous les mots finissant par « o », mais j'avais du mal à en trouver.

Le lendemain matin, je me suis vite dépêché de faire ce que j'avais à faire pour aller tester ensuite ma liste de mots sur le robot. Mais Binti m'avait déjà devancé.

Elle aussi avait écrit une liste de noms finissant par «O».

- Pablo, réveille-toi ! Taco ? Lolo ? Menthe à l'eau ? Porto Rico ? Croco ? Bobo ? Zigoto ? Toto ??! Mais ce n'est pas possible, y a rien qui marche ! a pesté Binti en mettant sa feuille en boule et en la lançant en direction de ma tête.

Heureusement que j'ai des bons réflexes et que j'ai pu l'éviter. Pas comme la dernière fois avec l'assiette… mais bon, ça c'est une autre histoire.

Du coup, comme Binti avait dit tous les mots que j'avais aussi en tête, je n'ai pas essayé de mon côté. Il n'y avait plus qu'à espérer qu'Abi se rappelle du nom.

3. Un danger ?

Ce jour-là, à l'école, j'ai parlé à mes copains de l'incroyable robot que j'avais à la maison.

- Je vous jure. Il est tout bizarre... on dirait un œuf de dinosaure humanoïde ! j'ai dit, en le dessinant au sol avec une craie.

- Moi, je suis sûr que c'est un robot éliminator, a déclaré Jérôme tout sûr de lui.

- C'est quoi ça ? a demandé Rachid.

- C'est un robot conçu spécialement pour éliminer la race humaine, a expliqué Jérôme. D'abord il ne dit rien. Il analyse autour de lui, regarde les points faibles de son environnement, puis ensuite, quand tout le monde dort, il s'allume, se transforme en super robot destructor et détruit tout à la maison !!

- N'importe quoi ! j'ai dit, un peu pour me rassurer. Mais c'est vrai qu'il était quand même bizarre ce robot.

Bref, après un long débat avec les copains, parsemé de quelques coups de pied dans les cartables, on a rejoint la classe pour travailler.

Je n’arrêtais pas de penser à ce qu’avait dit Jérôme… et si c’était vrai ??

La journée était passée bien vite et j’étais content de rentrer pour continuer à essayer de percer le mystère de ce robot. En plus, c’était vendredi. On allait avoir tout le week-end pour s’y mettre.

4. Bililibilip !

À la maison, Abi était déjà là avec Oummi dans le salon. Le robot était posé sur la table basse.

Apparemment, il cherchait à comprendre comment cette machine pouvait fonctionner.

Oummi, elle, était plongée dans ses livres.

- Alors, Abi ? j'ai demandé impatiemment. Tu as réussi à l'allumer ?!

- On dit quoi d'abord ?! a crié Oummi, sans même sortir la tête de son livre.

- Assalam'alaykum wa rahmatullah, j'ai répondu rapidement.

- Wa'alaykum salam wa rahmatullahi wa barakatu, a ensuite, dit Oummi doucement.

Après avoir posé mon cartable dans le couloir, je me suis vite installé à côté d'Abi. Binti m'a également rejoint.

On était tellement concentrés sur ce robot qu'on n'a même pas osé demander un goûter, sinon on aurait été obligés d'aller dans la cuisine pour le manger.

- Les enfants, j'ai tout tenté, mais je ne me rappelle vraiment pas du nom de ce robot. Ça doit être un truc très bizarre, a dit Abi un peu dépité. Ça ne m'étonne pas de la part de M. Stroggof.

Cette situation était vraiment embêtante car Binti et moi, on aurait bien voulu voir à quoi ça ressemblait, un robot allumé.

- Abi, tu penses qu'il est dangereux ? j'ai demandé.

- Comment ça ?

- Eh bien... genre il se transforme la nuit pour nous attaquer, quand tout le monde dort, j'ai expliqué.

- Ha ha ha. Tu penses vraiment que ce petit œuf blanc pourrait être dangereux ? m'a dit Abi en rigolant. Mais non, ne t'inquiète pas. Au pire, on le cassera et on en fera une omelette ! Ha ha ha !

Abi avait sûrement raison, Jérôme m'avait encore bien eu avec ses histoires de peur. À chaque fois, il me faisait le coup. Une fois, il a même réussi à me convaincre que si je continuais à ne manger que du poisson à la cantine, je me transformerais en sardine et je finirais dans une boîte de conserve posée sur une étagère de supermarché...

- Bon, les enfants. Vous avez fait quoi aujourd'hui à l'école ? nous a demandé Oummi.

- Aujourd'hui, on a révisé les conjugaisons, j'ai répondu en premier. Puis l'après-midi, on a fait une course en sport. J'ai fini deuxième, juste derrière Jérôme !

- Pas mal mon fils, a dit Abi pour m'encourager. Mais d'habitude tu finis premier à ce genre d'activité ?

- Bah oui, j'ai soufflé. Mais y a un copain qui a fait exprès de mettre des cailloux dans mes chaussettes avant le départ. Du coup, j'avais du mal à courir pendant la course.

- Et tu peux nous expliquer comment il a fait pour mettre des cailloux dans tes chaussettes alors que tu étais censé les avoir à tes pieds ? m'a demandé Oummi, qui pose toujours les bonnes questions.

- C'est parce que Jérôme m'avait mis au défi de monter à l'arbre pieds nus... j'ai avoué, pas très malin.

- Et toi, comme d'habitude, tu fonces ? a dit Oummi, un peu en colère. On te dit : t'es pas cap' de marcher sur la tête, et toi, direct, tu le fais pour montrer que si ?!

- Ha ha ha ! Avec la forme de sa tête, il pourrait en être capable ! a rajouté Binti, toute moqueuse.

- Bon. Ce n'est pas grave. Et toi, Binti ? Tu as fait quoi aujourd'hui ? a demandé Oummi.

- Nous, aujourd'hui, on a fait beaucoup de mathématiques, a raconté Binti. La maîtresse nous a appris à faire le tableau des multiplications.

- Le tableau des multiplications ? C'est quoi cela ? a demandé Oummi.

- C'est un tableau avec toutes les tables jusqu'à dix, a expliqué Binti. C'est pour nous aider à mieux apprendre. Je ne sais plus comment ça s'appelle... c'est la table de Pytho... Pytha... euuh...

- PYTHAGORE ! a crié Abi. Ayé je me rappelle ! Le robot s'appelle Pythagore !!

Et là, en l'espace d'une seconde, une chose incroyable s'est passée sous nos yeux :

Le robot œuf, posé sur la table, s'est allumé !

Bililibilip. Bonjour, vous m'avez appelé ? a déclaré le robot avec une voix toute bizarre.

Ce fut la surprise totale autour de la table.

On avait enfin trouvé le nom du robot : Pythagore.

Il faut bien l'avouer, avec les indices d'Abi, on aurait mis des années avant de trouver ce nom...

5. Un robot surdoué

Nous étions tous réunis autour de la table à observer cet étrange petit robot aux yeux lumineux.
Il n'avait pas l'air si méchant que ça. Au contraire, il était même rigolo.

- Abi, il sait faire quoi ? j'ai demandé.

- Euhh... à vrai dire, je ne sais pas vraiment, a admis Abi. M. Stroggof m'a juste dit qu'il était très puissant et que sa façon de s'améliorer de manière autonome allait révolutionner le monde.

- Autonome ? Ça veut dire quoi ? j'ai demandé.

- Ça veut dire qu'il n'a besoin de personne pour apprendre ! a expliqué Oummi.

- Mais... comment il fait alors ? J'ai insisté.

- Houla ! Je ne sais pas moi ! a dit Abi. Le voisin m'a juste dit qu'il avait une connexion haut débit indépendante pour se connecter au web. Je pense qu'il doit aller chercher les réponses sur Internet.

- Et si on lui demandait ? a proposé Binti.

- Très bonne idée ! Pythagore, comment fais-tu pour apprendre de façon autonome ? a demandé Abi en approchant sa tête du robot.

Bililibilip. Mon inventeur a créé un programme qui se sert d'un algorithme unique, me permettant d'apprendre à l'aide de mon environnement.

- Un algorithme ? C'est quoi ça ? s'est étonné Binti.

Bililibilip. C'est une formule mathématique qui permet de résoudre des problèmes.

- Aah... comme les problèmes de mathématiques que j'ai à l'école ? a dit Binti.

Bililibilip. Oui. À part que le mien a été créé pour résoudre des problèmes beaucoup plus complexes.

- Attendez ! a coupé Binti. Je vais lui lire un problème pour voir s'il arrive à le résoudre.

Elle est partie en courant vers son cartable puis est revenue avec son livre de mathématiques en mains.

Elle a feuilleté rapidement les pages et a commencé à lire l'énoncé d'un exercice.

- Paul a 10 euros dans la poche. Sa Oummi lui a demandé d'acheter 3 kilos de tomates à 2 euros le kilo et 1 litre de lait à 1,20 euros. Avec la monnaie, il pourra s'acheter des bonbons. En sachant qu'il avait déjà 1 euro dans sa poche, pour combien d'euros pourra-t-il s'acheter de bonbons en tout ?

Bililibilip. 3,80 euros.

Incroyable ! Le robot avait répondu en moins d'une seconde ! Binti s'est retournée vers Abi pour savoir si c'était bon, mais Abi étant encore en train de calculer pour chercher la réponse...

- Hmm... moins 7,20 auquel j'ajoute 1... euh... oui, ça me semble bon ! a conclu Abi.

- Pythagore, 10 fois 8 ? j'ai dit rapidement, pour voir s'il était si fort que ça.

Bililibilip. 80

- 80 fois 80 ? j'ai ajouté, toujours aussi rapidement.

Bililibilip. 6400.

- Ok, on va compliquer ! a proposé Binti. 680 éléphants de 780 kilos plus 680 tortues de 43 kilos, ça pèse combien en tout ?

Bililibilip. 559 640 kilos.

WWAOUH ! Binti et moi, on n'en revenait pas ! Pythagore était trop fort en mathématiques !

Abi avait l'air aussi intéressé que nous par les prouesses du robot. Contrairement à Oummi, qui, elle, n'était pas convaincue de son intérêt. Elle disait qu'une calculatrice pouvait faire aussi bien.

D'ailleurs, c'est Oummi qui a décidé d'arrêter ce jeu de questions-réponses et nous a ordonné de faire ce que chacun d'entre nous avait à faire.

Abi a pris le robot et l'a posé sur la commode de la salle à manger, à près de la table. Moi, je suis parti prendre ma douche ; j'étais tout sale à cause du sport à l'école.

5. Diagnostic

Dans la salle de bain, j'ai remarqué des petits boutons rouges sur mes bras. Il y en avait également sur mon ventre et mes mollets. Ça grattait beaucoup !
J'ai essayé de me soigner en mettant le gel douche d'Abi, mais les boutons sont devenus encore plus rouges qu'avant !

Après avoir fini de me laver, je suis parti voir Abi dans le salon pour lui montrer. En général, Abi arrive toujours à trouver ce que c'est.

- Hmmm. On dirait des petites piqûres... Y a des moustiques à l'école ? m'a demandé Abi.

- Euh... je ne sais pas, j'ai répondu.

- Pas facile de savoir, a observé Abi. Sinon, tu fais peut-être une allergie ? C'est la période du pollen en ce moment, je crois.

- Non, a dit Oummi. Ça commence dans quelques semaines. C'est peut-être quelque chose qu'il a mangé à l'école ?

- T'as mangé quoi ? s'est renseigné Abi.

- Comme d'habitude, du poisson, j'ai dit. Il y avait aussi des épinards, mais ils avaient une couleur bizarre.

- Peut-être qu'il a attrapé la gale ? a suggéré Binti, rien que pour m'embêter.

- N'importe quoi !! j'ai répondu. La gale, c'est un parasite qui la donne et y en a pas à l'école !

- C'est peut-être un rat qui t'a mordu en cachette quand tu as enlevé tes chaussettes pour monter sur l'arbre ?! a renchéri Binti pour m'embêter encore plus.

- Non, a dit Oummi. Il aurait senti... par contre, c'est peut-être un enfant déjà contaminé qui te l'a transmis ?

- C'est vrai qu'en regardant de plus près, ces boutons ressemblent un peu à ceux de la gale, a reconnu Abi en commençant à éloigner mon bras de lui.

Tout cela commençait à me faire peur.

Un copain m'a dit qu'un jour sa mamie avait attrapé la gale en voyageant dans un pays étranger et qu'elle avait failli mourir. Peut-être que moi aussi j'allais mourir à cause de ces boutons ? J'ai commencé à avoir les yeux tout rouges.

- Mais ne pleure pas, voyons, a dit Oummi pour me rassurer. Allez, viens faire un câlin.

- NON !! a crié Abi, en me stoppant. Il faut d'abord savoir si c'est contagieux ou pas.

J'étais encore plus triste.

Abi est parti chercher son manteau et m'a dit de me préparer car nous allions chez le docteur en urgence pour en avoir le cœur net.

Moi, j'avais très peur et je pleurais beaucoup.

En me voyant comme ça, Binti a arrêté de m'embêter et a essayé de me consoler.

- Allez, sois fort, elle a dit. Il ne faut pas pleurer. Peut-être que c'est juste des moustiques ?

- Oui... a concédé Abi. Mais en attendant, il faut prendre le moins de risques possible. Et plus vite on pourra le diagnostiquer, plus vite on pourra le soigner.

Tout d'un coup, Binti a une idée.

Elle a proposé que je montre mes boutons à Pythagore pour savoir s'il savait ce que c'était.

Quelle drôle d'idée. Comment un petit robot pourrait savoir ce que j'avais sur la peau. D'ailleurs, était-il capable de voir ?

Binti s'est alors approchée du robot et lui a demandé :

- Pythagore, tu peux nous dire d'où viennent les boutons que Walad a sur la peau ?

Le robot s'est allumé puis ses yeux se sont tournés vers moi.

C'était étrange. Comment savait-il que c'était moi, Walad ?

Bililibilip. Oui bien sûr. Walad, peux-tu me montrer cela ?

Voilà à présent que le robot me parlait !

J'ai regardé Abi pour savoir quoi faire et il m'a dit de montrer les boutons que j'avais sur le bras.

J'ai retroussé ma manche et approché ma peau du robot. Tout d'un coup, une sorte de petit rayon rouge est sorti de ses yeux lumineux et a scanné ma peau.

Bililibilip. Identification terminée.

- Alors ? a demandé Abi, impatient de connaître la réponse.

Bililibilip. Ce sont des boutons d'aoûtats.

- D'aoû... quoi ? a dit Abi. Et c'est grave ?

Bililibilip. D'aoûtats. Ce sont des larves d'une espèce de petit acarien de la famille des Trombiculidés. Ce n'est pas grave du tout, mais leurs piqûres provoquent d'intenses démangeaisons durant plusieurs heures.

- Mais comment a-t-il attrapé cela ? a demandé Oummi, qui nous avait rejoint près du robot.
Bililibilip. On les trouve généralement sur les pelouses et les gazons ombragés. Habituellement, ils se fixent sur des animaux, mais il leur est possible de se poser sur les humains lorsque l'occasion se présente.

- Et c'est sûr ? a demandé Oummi.
Bililibilip. À oui 99,988%. J'ai comparé le scan avec une banque de données de milliers de photos et des rapports médicaux de cent cliniques dans le monde. C'est un cas classique chez les enfants en contact avec la nature.

- Ah oui ! s'est exclamée Binti. C'est peut-être quand il a fait sa course à l'école ? Ils sont partis sur le terrain de football.

Binti avait raison. Exceptionnellement, le professeur nous avait amenés sur le grand terrain de foot situé à côté de l'école pour faire du sport. On était super contents avec les copains parce que, d'habitude, c'est toujours dans la cour de récré qu'on fait les activités et ça fait super mal quand on tombe sur le goudron.

Bililibilip. Voici une photo de la bête.

Tout d'un coup, Pythagore a diffusé une image 3D lumineuse dans le salon !

Abi a dit que c'était un hologramme et que c'était très rare d'en voir.

C'était vraiment impressionnant !

Mais Oummi, elle, ne semblait pas beaucoup apprécier.

- Éteignez-moi ça TOUT DE SUITE !!

6. Un dîner presque parfait

Le soir, nous étions tous réunis dans la salle à manger pour le dîner. Comme d'habitude, Oummi nous avait préparé un super festin et, comme d'habitude, il fallait attendre qu'elle prenne quelques photos avant de toucher.

Oummi prend beaucoup à cœur son métier de blogueuse culinaire. Elle dit que c'est un métier en or car elle peut rester à la maison tranquillement et qu'elle n'a pas besoin de sortir.

En plus, elle gagne de l'argent à faire quelque chose qu'elle aime !

Moi aussi, plus tard, j'aimerais faire un métier que j'aime incha Allah… je vous ai déjà dit que j'aimais bien les avions ??

- C'est bon ! a dit Oummi après avoir mitraillé le plat principal sous tous les angles.
Ce n'est pas toujours facile pour les photos, car on ne doit pas apparaître dessus. Du coup, on est souvent obligés de se cacher sous la table pour ne pas gêner...

C'est toujours Abi qui sert le repas. Il le fait super bien. Il partage équitablement pour qu'il n'y ait pas de jaloux. Moi, je ne suis pas jaloux de toute façon, à part pour le dessert... mais je fais des efforts !

- Alors, tu en penses quoi de ce robot ? a demandé Abi à Oummi.

- Hmm... je ne suis pas super convaincue, a répondu Oummi en faisant un peu la grimace.

C'est clair qu'avec le coup de l'araignée au format géant dans le salon, Pythagore n'avait pas marqué un bon point avec Oummi.

- Tu ne peux pas nier qu'il est quand même impressionnant, a insisté Abi. Je suis sûr que tu pourrais en tirer profit dans ton travail.

- Ah bon ? a dit Oummi intéressée.

- Bien sûr ! a déclaré Abi. On va faire un essai.

Abi s'est retourné vers le robot et l'a interpellé.

- Dis-moi Pythagore, peux-tu me dire quels sont les fruits et légumes de saison actuellement ?

Bililibilip. Les fruits que vous pouvez trouver ce mois-ci sont les cassis, les cerises, les fraises, les mûres, les pêches, les prunes et les tomates.

- La tomate ?! a dit Binti toute étonnée. Mais ce n'est pas un fruit ! Tu t'es trompé Pythagore !

Bililibilip. Désolé Binti, mais la tomate est bel et bien un fruit dans le langage botanique puisque celle-ci est le résultat du développement de l'ovaire de la fleur d'une plante.

Binti n'avait pas tout compris, et moi non plus d'ailleurs, mais ça avait l'air vachement vrai ce qu'il venait de dire.

- Très bien, a dit Oummi au robot. Et que me conseilles-tu comme recette pour un dessert à base de tomates ? Ça fait longtemps que je voulais en proposer un justement.

Oummi semblait enfin s'intéresser au robot. Pythagore n'avait pas intérêt à se louper cette fois...

Bililibilip. Je vous conseille un confit de tomates, pignons et raisins, accompagné d'un coulis de poivrons aux framboises. C'est actuellement très en vogue dans les palaces dubaïotes.

- Hmmm... Je ne sais pas si mes lectrices vont apprécier ce genre de recette, a dit Oummi. C'est un peu compliqué à faire.

Bililibilip. Et que pensez-vous d'un macaron tomate, framboise, basilic, façon Atelier BLG ?

- Ha voilà qui est original ! a admis Oummi très enthousiaste. Avec ça, c'est le buzz assuré incha Allah. Et pourrais-tu m'afficher la recette ?

Bililibilip. Bien sûr.

Oummi avait beaucoup apprécié la réponse de Pythagore et elle songeait à présent sérieusement à le prendre comme assistant. Mais elle gardait encore un léger doute sur sa place dans la maison.

- Il est vraiment efficace, a dit Oummi. Mais je n'ai pas encore 100 % confiance en lui. Je ne sais pas pourquoi, mais j'ai l'impression qu'il y a anguille sous roche...

- Une aiguille ? j'ai demandé. Sous quel rocher ?

- C'est une expression, a expliqué Abi. Ça veut dire qu'Oummi pense qu'il y a un problème caché derrière le robot.

Moi, je ne comprenais pas pourquoi Oummi disait cela. Pythagore était super ! C'est le genre de robot que tous les enfants rêvent d'avoir !

D'ailleurs, il était prévu que Jérôme et Rachid passent demain prendre le goûter à la maison avec leur mère. J'étais impatient de leur montrer les prouesses de Pythagore.

7. Un samedi animé

Les samedis, à la maison, c'est toute une mission ! C'est l'un de mes jours préférés, après le vendredi bien sûr.

Le matin, on a un programme bien spécifique, on se lève à la fin de la nuit pour faire le fajr. Ensuite, on reste éveillés jusqu'au lever du soleil à faire les invocations du matin. Moi, je les connais par cœur maintenant. Binti, elle, a encore besoin du livre pour les faire.

Une fois le soleil levé, Oummi nous fait un petit-déjeuner spécial « continental » pour nous récompenser d'être restés éveillés. C'est un déjeuner avec plein de trucs sur la table : du lait, du jus d'orange, des croissants, des œufs brouillés, de la charcuterie, des fruits, des céréales complètes... c'est un vrai festin !

Oummi dit que dans les hôtels à la Mecque, c'est comme ça tous les jours. Waouh ! Ça me donne encore plus envie de faire le Hajj !

Une fois le petit-déjeuner fini, on enchaîne avec les cours religieux puis les devoirs et enfin les révisions.

Quand arrive midi, Binti et moi, on est bien fatigués. Alors, après le déjeuner, on fait toujours une petite sieste.

Abi a dit que c'était bien les siestes car le Prophète sallallahu alayhi wa salam en faisait et aussi car les diables ne peuvent pas en faire.

Mais cette fois, je n'avais pas envie de dormir. Mes copains allaient bientôt arriver et j'étais tout excité à l'idée de leur montrer notre robot.

- Walad, a dit Oummi pour me calmer. Primo, ce n'est pas NOTRE robot mais celui du voisin. Et vu la technologie qu'il y a à l'intérieur, on n'est pas prêt de s'en payer un comme ça. Secundo, tu as plein de jeux dans ta chambre pour jouer avec tes copains. Hors de question que vous restiez dans le salon à faire n'importe quoi !

Quand Oummi commence à parler comme ça en latin, ce n'est pas facile de négocier. Mais là, j'étais vraiment trop motivé à leur montrer alors j'ai insisté :

- Oummi, c'est promis, on restera juste dix minutes avec lui ! J'aimerais trop montrer aux copains comment Pythagore il fait avec les zologrames !

- Moui, a tempéré Oummi. On verra incha Allah. En attendant, va ranger ta chambre !

- Super d'accord Oummi ! j'ai dit, en me précipitant à l'étage de la maison pour ranger tous mes jouets.

Quand les copains viennent à la maison, il faut être super méthodique dans le rangement de la chambre. Je dois à la fois laisser de la place pour qu'on puisse jouer et à la fois sortir tous les jouets pour qu'on puisse s'amuser ; mais si je sors trop de jouets, on n'a plus de place et si je n'en sors pas assez, on s'ennuie... bref, ce n'est pas facile.

Abi ne veut pas non plus que je sorte les jeux avec les petites pièces comme les puzzles ou les briques de construction, car après on les perd. Ce n'est pas grave parce que les copains ne veulent pas jouer à ça en général. Eux, ce qu'ils aiment, c'est jouer à la guerre avec mes avions.
Ça tombe bien, moi aussi c'est mon jeu préféré !

Pendant que je rangeais, j'ai entendu le bruit du portail. J'ai regardé par la fenêtre et j'ai vu que les invités étaient arrivés plus tôt que prévu.
Oummi n'aime pas trop quand les gens arrivent avant l'heure, mais elle déteste encore plus quand ils arrivent en retard !
DRRRIINNGGGG !!

Je suis descendu tellement vite que j'ai failli tomber dans les escaliers. J'ai demandé à Oummi si je pouvais ouvrir la porte et elle m'a dit que oui. Elle m'a dit également de les faire entrer dans le salon en attendant qu'elle finisse de se préparer.

En ouvrant la porte, Jérôme et Rachid étaient bien là. Ils portaient dans les mains des assiettes de gâteaux que leurs mamans avaient préparés.

- Assalam'alaykum wa rahmatullah, j'ai crié.

- Wa'alaykum salam wa rahmatullahi wa barakatuh, a répondu la maman de Rachid. Comment vas-tu ? Est-ce que ta mère est là ?

- Al hamdoulilah, je vais très bien, j'ai dit. Oui, Oummi est là. Elle est en train de se préparer car vous êtes arrivés trop tôt. Vous pouvez entrer dans le salon.

Je leur ai montré la direction du salon et avec les copains, on est montés directement dans la chambre.
J'ai prévenu mes copains de ne pas faire trop de bruit car Binti était en train de faire la sieste.

- Mais comment veux-tu qu'on puisse jouer à la guerre, sans faire de bruit ? a protesté Rachid.

- De toute façon, on n'est pas venu pour jouer à la guerre, a dit Jérôme. On est venu voir si c'est vraiment vrai ton histoire de robot super intelligent qui fait des images sur le plafond.

Les copains étaient super impatients de voir Pythagore. Mais pour cela, il fallait attendre que les mamans aillent à la terrasse du jardin pour qu'on soit seuls dans le salon, avec le robot.

Alors, en attendant, on a quand même joué à la guerre avec les avions, mais en essayant de ne pas trop faire de bruit.

Une heure plus tard, Oummi nous a appelé pour qu'on descende prendre le goûter dans la cuisine.
Avec les copains, on a descendu les escaliers à toute vitesse. Arrivés dans la cuisine, les supers gâteaux nous attendaient sur la table, avec un verre de lait chacun.

Rachid, lui, est celui qui mange le plus dans la bande. Un jour, à l'école, il a mangé une pastèque tout seul pour son goûter !
C'était rigolo car il n'avait pas de couteau pour l'ouvrir, du coup il avait utilisé son matériel de géométrie pour la découper.

On ne sait toujours pas, avec les copains, comment il a fait pour la mettre dans son cartable...

- Walad, c'est quand qu'on pourra voir ton robot ? s'est impatienté Jérôme.

Oummi et les autres mamans étaient parties dans le jardin comme prévu. J'ai donc dit aux copains qu'ils pouvaient venir avec moi dans le salon, mais après s'être lavé les mains.

- Vous restez bien derrière moi, j'ai dit.

- Pourquoi ? Il est dangereux ? s'est inquiété Rachid.

- Non, mais je ne veux pas que vous le cassiez ! j'ai expliqué.

On est partis dans le salon et je leur ai montré le robot. Il était posé sur la commode comme à son habitude. Les copains ont commencé à rigoler à cause de sa forme.

Je leur ai dit que ce n'était pas rigolo et qu'il était de cette forme parce qu'il était futuriste ! Mais Jérôme n'était pas convaincu.

Il n'arrêtait pas de répéter que ce n'était pas un robot, mais juste une lampe de décoration.

- J'ai la même à la maison ! a prétendu Jérôme avec un ton moqueur. Elle est connectée en Bluetooth au téléphone de ma mère et elle peut faire du son. Ce n'est pas un robot !

J'ai dit aux copains de reculer un peu car j'allais leur faire une démonstration.

Je me suis approché du robot et j'ai commencé à lui parler.

- Pythagore, allume-toi ! j'ai dit, en faisant de grands gestes pour épater les copains.

Bililibilip. Bonjour Walad.

À la seule réponse du robot, Rachid et Jérôme étaient déjà super impressionnés.

- Waouh ! Il connaît ton prénom ! a dit Rachid. Et il a fait comment pour savoir que c'était toi ??

- Il doit avoir une reconnaissance vocale, a déduit Jérôme qui s'y connaît vachement bien en informatique.

- Pythagore, j'ai dit pour continuer. Peux-tu me dire combien font cinquante-quatre multiplié par un million deux cent quarante-quatre mille, moins deux ?

Bililibilip. 67 175 998.

Jérôme a dit que c'était facile les mathématiques pour les machines. Lui, il voulait vraiment voir si le robot pouvait faire des images en 3D.

- Walad, a dit Jérôme. Demande-lui de nous faire une image de voiture de sport si c'est vrai ce que tu as dit.

- Pythagore, j'ai enchaîné. Peux-tu nous montrer en image, une voiture de sport télécommandée ?

Bililibilip. Bien sûr.

Pythagore a alors projeté en hologramme une super voiture en 3D. Ça faisait plein de lumière de toutes les couleurs dans le salon.

Les copains n'en revenaient pas !

En plus, la voiture était animée : elle était en train de rouler sur un chemin de terre. Le robot avait également mis du son pour faire encore plus réaliste.

- C'est INCROYABLE, s'est exclamé Rachid.
- C'est la première fois que je vois ça, a ajouté Jérôme.

Moi, j'étais tout fier car, enfin, ils me croyaient. À l'école, lundi, j'allais être la star quand on allait raconter ça à tous les autres copains.

Cette fois-ci, avec Jérôme et Rachid comme témoins, ils ne pourront plus dire que je suis un vantard menteur.

- Pythagore, a dit Jérôme, est-ce que tu peux nous montrer des images de guerre avec des avions ?

Bililibilip. Bien sûr. Je vais vous montrer quelques images de la Seconde Guerre mondiale.

Pythagore a diffusé d'incroyables images d'avions de guerre dans le ciel. Avec le son, c'était impressionnant.

J'ai dit à Jérôme que je n'étais pas très content car il n'y a que moi qui aie le droit de lui parler normalement.

En plus, avec le bruit des tirs et des missiles, j'avais peur qu'on se fasse remarquer par Oummi.

- Bon, les copains, j'ai dit. On va l'éteindre maintenant.

- Attends, attends, a négocié Jérôme tout excité. Juste encore une fois. Pythagore, montre-nous des explosions nucléaires !

Bililibilip. Très bien. Voici quelques scènes de l'explosion à Hiroshima suite au premier tir nucléaire de l'Histoire effectué par l'armée américaine.

C'est à partir de ce moment-là que les choses ont mal tourné. Pythagore a commencé à diffuser des images bizarres sur la guerre avec la bombe nucléaire : on voyait beaucoup de gens morts, des enfants blessés, des personnes toutes nues en train de courir...

Rachid a commencé à pleurer et Jérôme avait l'air terrorisé.

Ce n’était vraiment pas marrant comme situation, mais c’est devenu pire lorsque Binti est intervenue.
En fait, elle ne dormait pas ; elle était cachée dans l’escalier en train de nous espionner.

- Haaannnn !! elle a dit en criant. Je vais dire à Oummi que vous regardez des images pas bien avec des gens tout nus !

Puis elle est partie en courant vers le jardin avant que je n'aie eu le temps de l'attraper.
J'ai dit à Pythagore d'arrêter de diffuser les images et de s'éteindre. Mais c'était trop tard. Oummi et les mamans étaient déjà arrivées. La mère de Rachid est venue en courant.

- Oh ! mon pauvre chéri, a-t-elle dit en prenant son fils dans ses bras. Tu as vu des images que tu n'aurais jamais dû voir à ton âge. Mais qu'est-ce qui vous a pris de mettre ça à la télé ?!

- Ce n'est pas la télé, a dit Jérôme. C'est le robot de Walad. C'est lui qui voulait nous montrer à tout prix comment ça marche !

Oh ! C'est même pas vrai ! J'ai dit pour me défendre. C'est vous qui vouliez que...

- STOP Walad !! a ordonné Oummi en me criant. Va dans ta chambre tout de suite ! On règlera ça ce soir.

Je suis parti en pleurant en direction de ma chambre pendant qu'Oummi était en train de s'excuser auprès de ses copines.

Du coup, elles sont parties plus tôt que prévu.

Et je peux vous dire qu'Oummi était vraiment en colère contre moi... même si ce n'était pas de ma faute.

8. Réunion de crise

Les réunions de crise se passent toujours un peu pareil à la maison : Oummi nous convoque, Binti et moi, dans le salon et on attend tous ensemble, en silence, qu'Abi rentre pour commencer.
Oummi nous dit de faire des invocations à voix basse, en attendant pour demander pardon à Allah.

À peine rentré, Abi a deviné tout de suite la situation. Il a posé ses affaires dans le couloir et nous a rejoints.

- Bon, il a marmonné dans sa barbe. J'ai l'impression qu'il y a une nouvelle réunion de crise...

Abi s'est assis sur le canapé, à côté d'Oummi, puis a demandé qu'on lui explique ce qui se passait.

- Il se passe que Walad a fait une chose très grave, a informé Oummi.

- Encore ? a dit Abi, consterné. Allez, Walad, dis-moi tout...

En général, dans ce genre de situation, mieux vaut éviter de mentir, car les parents arrivent toujours à savoir la vérité. J'ai expliqué la situation comme je le pouvais et dès que je ne me rappelais plus d'un détail, il y avait évidemment Binti pour me le rappeler.

- Je suis vraiment désolé, j'ai dit sincèrement en pleurant. Je ne savais pas que Pythagore allait diffuser des images comme ça.

- Je sais, je sais... a dit Abi pour me consoler. Mais la prochaine fois, tu dois absolument demander l'autorisation d'un adulte avant d'utiliser quelque chose qui n'est pas à toi !

- C'est de ma faute, a avoué Oummi. J'aurais dû le lui interdire formellement...

- Alors, quoi ? a protesté Binti. Vous n'allez pas le punir ?! Mais pourtant ce n'est pas bien ce qu'il a fait ?!

- Oui, c'est grave, a répondu Oummi. Mais il a compris la leçon lui-même. Le vrai problème est ailleurs... a poursuivi Oummi en se retournant vers Pythagore.
Abi s'est levé et s'est approché du robot.

- Pythagore, allume-toi ! a ordonné Abi d'un ton sec.
Bililibilip. À votre service.

Abi voulait comprendre pourquoi Pythagore avait diffusé de telles images aux enfants.
Il lui a demandé si c'était possible de mettre une sorte de contrôle parental comme sur internet, pour qu'il ne diffuse plus des images choquantes.
Bililibilip. Le contrôle parental est déjà activé. Les images diffusées à Walad, Jérôme et Rachid ne correspondent pas aux critères des images interdites aux moins de douze ans.

- Des critères basés sur quoi ? Par qui ? C'est bien ça le problème ! a lancé Abi au robot qui n'a pas répondu.

Il y avait un truc qui semblait également gêner Abi, mais je ne savais pas quoi. Il s'est retourné vers Oummi et lui a demandé s'il n'y avait pas quelque chose qui l'intriguait dans les réponses de Pythagore.

- Non, a répondu Oummi, si ce n'est que je commence à me demander si c'est vraiment judicieux de le garder. Pourquoi ? Tu as remarqué un truc bizarre ?

- Oui... a marmonné Abi, d'un ton mystérieux. Mais je ne suis pas encore sûr. Nous verrons cela ce soir. Pythagore, tu peux t'éteindre.

Abi a changé de sujet en nous disant que l'affaire était close pour l'instant. Il nous a parlé ensuite de la venue prochaine d'une invitée mystère à la maison.

- Les enfants, nous a annoncé Abi, j'ai une super surprise pour vous. Devinez qui vient nous rendre visite mercredi prochain ?!

- Aaaaah ! Moi je sais, a dit Oummi en souriant.

Une invitée mystère à la maison ? Waouh ! Mais qui donc cela pouvait-il être ?

- La maîtresse de mathématiques ? a tenté Binti, toujours avec ses idées bizarres.

- Euuh non, a répondu Oummi. En quoi ça serait une super surprise d'ailleurs ??

- Tata Zlabia ?? j'ai demandé.

- Non, a répondu Abi. Elle est actuellement en Égypte.

- Tata Joumou'a ? j'ai ajouté.

- Malheureusement non, a répondu Oummi. Tata Joumou'a est toujours à l'hôpital. Il faut faire des invocations pour qu'elle aille mieux incha Allah.

- AH ! MOI JE SAIS ! a crié Binti. C'est MAMIE BRICOLE qui vient !

- Tout à fait ! a dit Abi. Mamie Bricole arrive mercredi à la maison. Elle doit prendre le train de 15 h 45 pour arriver à 19 h 17 incha Allah.

Ça, c'était une super nouvelle ! Mamie Bricole est extraordinaire. C'est l'Oummi d'Abi. On l'appelle comme ça car elle nous fabrique toujours de superbes cadeaux originaux...

9. Un espion à la maison

Le soir venu, nous étions tous à table dans la salle à manger qui donne sur le salon.
Oummi nous avait préparé un super gigot d'agneau sauce barbecue.

Pendant que nous mangions, Oummi a rappelé à Abi qu'il devait lui expliquer en quoi le robot avait un comportement étrange.

- Ah oui, c'est vrai, a dit Abi en finissant sa bouchée. Dites-moi. Vous souvenez-vous à quelle heure Mamie arrive ce mercredi ?

- Euh... en fin d'après-midi je crois, a répondu Oummi.

- Oui, mais à quelle heure précisément ? a insisté Abi.

Personne autour de la table ne se souvenait précisément de l'heure. Et d'ailleurs, on ne comprenait pas pourquoi Abi nous demandait cela. Quel rapport avec le robot ?

Abi s'est retourné ensuite vers le robot, puis l'a interpellé :

- Pythagore, réveille-toi.

Bililibilip. En quoi puis-je vous être utile ?

- Peux-tu me dire, s'il te plaît, à quelle heure arrive Mamie bricole à la maison ?

- HA HA ! qu'est-ce qu'il en sait ! a dit Oummi en rigolant.

Bililibilip. Elle arrive en train à 19 h 17.

- Mais... mais comment peut-il savoir ? a demandé Binti. Oummi et moi ne comprenions pas non plus. C'était vraiment étrange.

- C'est bien ce que je craignais, a lâché Abi en parlant à voix basse.

Abi s'est alors assis devant la commode, puis a débuté un interrogatoire musclé avec le robot.

- Dis-moi, Pythagore, peux-tu me dire ce que nous avons mangé avant-hier soir ?

Bililibilip. Un gratin de pâtes.

- Peux-tu me dire à quelle heure je suis rentré aujourd'hui à la maison ?

Bililibilip. Vous êtes rentrés à 18 h 14 exactement.

- Et peux-tu me dire où se trouve actuellement tata Joumou'a ?

Bililibilip. À l'hôpital.

À ce stade, le visage d'Oummi s'est littéralement décomposé.

Alors que Binti et moi étions juste étonnés, Oummi, elle, semblait à la fois inquiète et en colère.
Je ne comprenais vraiment pas pourquoi.

- Oummi, j'ai demandé. Ça va ?
- Non, ça ne va pas du tout, elle a répondu.

Elle s'est alors levée et a dit à Abi :

- ENLÈVE-MOI TOUT DE SUITE CE ROBOT !!

Abi s'est levé à toute vitesse, a pris un torchon, a enroulé Pythagore dedans, puis l'a mis dans le cagibi, près de la porte d'entrée.

Binti et moi ne comprenions absolument rien à la scène. Qu'avait-donc fait de mal Pythagore ? Pourquoi le mettre dans le cagibi ? Pourquoi Oummi est-elle en colère ?

Après avoir rangé le robot, Abi nous a dit de venir nous asseoir dans le salon afin de nous expliquer la situation. Tant pis pour le dessert.

- Écoutez les enfants, a dit Abi une fois assis sur le fauteuil. Comme vous avez déjà vu, Pythagore est un robot très puissant ; un robot intelligent, comme on les appelle. Il est capable d'entendre, de voir, d'analyser une situation, de diffuser des hologrammes... bref, il est capable de choses incroyables. Le problème, c'est qu'il ne se met jamais en veille. En fait, on croit qu'il est éteint, mais en vérité, il est toujours allumé...

en train de tout écouter et de tout enregistrer. Il s'améliore constamment en analysant son environnement.

- Oui, j'ai dit. Mais en quoi c'est un problème ?

- Le problème, a expliqué Oummi, c'est notre vie privée !

- Ça veut dire quoi ? a demandé Binti.

- Notre vie privée, a expliqué Abi, c'est tout ce que nous faisons à la maison et que nous ne voulons pas que les gens sachent. Walad, est-ce que c'est bien d'espionner ?

- Non, j'ai dit. Tu nous as appris qu'il était interdit d'espionner les gens en Islam.

- Tout à fait, a confirmé Abi. Vous n'avez pas le droit par exemple d'entrer chez quelqu'un sans frapper. Vous n'avez pas le droit de regarder par la fenêtre en cachette pour voir ce que fait une personne chez elle. Vous respectez la vie privée des gens.

- Et Pythagore, a demandé Binti, il nous a espionnés ?

- Exactement, a dit Oummi d'un ton très sérieux. Depuis qu'il est là, il a enregistré TOUT ce qui se passait à la maison. C'est horrible...

Mais même si je comprenais qu'espionner ce n'était pas bien, je ne comprenais pas en quoi c'était grave.
À écouter Oummi et Abi, on aurait dit que c'était hyper dangereux.

- Walad, a dit Abi, c'est très grave pour plusieurs raisons. Pythagore a tout enregistré depuis qu'il est là. Il sait comment on s'appelle, ce qu'on mange, ce qu'on fait et à quelle heure...

- Et pourquoi c'est grave ? j'ai demandé.

- Parce qu'on ne sait pas où peuvent finir ces informations ! a averti Abi. Pour enregistrer toutes ces informations, Pythagore les stocke dans une mémoire ; comme avec le disque dur de l'ordinateur. Ça veut dire que toute notre vie privée est écrite quelque part sur un ordinateur. Imagine maintenant qu'un voleur arrive à récupérer toutes ces informations ?

- Ou imagine que le propriétaire du robot décide de vendre ces informations à quelqu'un ? a ajouté Oummi, horrifiée.

Ayé. J'avais compris. En fait, Pythagore était capable de connaître tous nos secrets. Et peut-être qu'un jour un voleur pourrait y avoir accès, savoir par exemple à quelle date nous partons en vacances, et en profiter pour entrer en cachette dans notre maison…

… et voler tous mes jouets !

- Ça veut dire qu'on ne pourra plus l'utiliser ? j'ai demandé d'un ton triste.

- Pas forcément, a nuancé Abi. En fait, il faut le laisser dans un endroit où il ne peut rien entendre. Puis, quand on en a besoin, on va le chercher pour l'utiliser.

- L'idéal aurait été tout de même de le régler pour qu'il n'enregistre pas quand il est en veille ! a dit Oummi un peu en colère.

- Oui, c'est clair, a résumé Abi. Mais de toute façon, on va le rendre au voisin dès qu'il rentrera. D'ici là, soyons prudents.

10. Alerte orage

Le dimanche matin à la maison, c'est un peu comme le samedi matin. Mais la différence, c'est qu'Abi est là !

C'est super car on peut faire le petit-déjeuner tous ensemble. Par contre, après, c'est direct les devoirs !

Les devoirs avec Abi c'est trop bien, car il nous fait beaucoup rire. Et puis il connaît toujours plein d'histoires. C'est un peu normal car il lit des centaines de livres pour son travail.

- Abi, a dit Binti qui était en train de faire ses devoirs de sciences naturelles, dans le livre il est dit que les nuages peuvent peser des centaines de tonnes ! C'est vrai ?

- HA HA ! n'importe quoi ! je suis intervenu. S'ils étaient lourds, ils ne pourraient pas voler dans le ciel !

- Bah si ! a insisté Binti. Les avions sont hyper lourds et pourtant ils volent dans le ciel !!

- HA HA ! j'ai ajouté. Ils volent dans le ciel parce qu'ils ont des moteurs !! Et crois-moi, je m'y connais en avions !

- Du calme les enfants, a tempéré Abi. Binti a raison. Walad, certains nuages peuvent peser plusieurs centaines de milliers de tonnes.

- Mais, comment c'est possible ?? j'ai demandé.

- En fait, au début, il y a seulement des petits nuages constitués de milliers de petites gouttes d'eau en suspens, a expliqué Abi. Puis le vent les pousse dans un endroit où ils se regroupent. Ensemble, ils commencent alors à former un nuage plus gros qui grandit de plus en plus en hauteur, aidé par les courants d'air ascendants à l'intérieur. La partie du haut du nuage commence à atteindre des régions froides de l'atmosphère... car plus on monte, plus il fait froid ! Les gouttes d'eau se transforment alors en grêlons et la pluie et la grêle commencent à tomber. On appelle ce genre de nuage un cumulonimbus et il peut peser jusqu'à 800 000 tonnes !

- Abi, Abi, j'ai une idée ! a crié Binti. Et si on allait chercher Pythagore pour qu'il nous montre un cumulonimbus en hologramme ?

- Waouh ! Ça serait trop bien ! j'ai dit, en espérant convaincre Abi.

Après quelques minutes de négociation et avoir promis de le remettre directement dans son cagibi après utilisation, Abi a accepté.

Oummi n'était pas super contente, mais comme c'était pour l'école...

Je suis parti le chercher puis je l'ai posé sur la table basse du salon.

- Abi, je peux lui demander ? j'ai dit.

- Non, je préfère le faire, a répondu Abi. Pythagore, allu... bah, de toute façon t'es déjà allumé. Pythagore, diffuse-nous un cumulonimbus en hologramme s'il te plaît.

Bililibilip. Tout de suite.
C'était vraiment incroyable. On avait l'impression d'être au cœur du nuage.

- Et vous voyez, a expliqué Abi, c'est à la base de ces nuages, tout en bas, que surgissent les éclairs et la pluie en abondance. Ces nuages sont les plus gros que l'on peut trouver dans le ciel... plus gros que n'importe quel bâtiment ou construction dans le monde !

Ensuite, Abi a demandé à Pythagore d'éteindre l'hologramme.

Binti a continué à questionner Abi sur les nuages. Elle ne comprenait pas pourquoi les vents poussaient les nuages dans une direction et pas une autre.

Et pourquoi un éclair frappe une fois un arbre, une fois une maison ou une fois une personne ?

- Il y a un ange parmi les anges qui est chargé de cela, a énoncé Abi. Il dirige les nuages là où Allah veut.

- Waouh ! Il s'appelle comment cet ange ? a demandé Binti.

- Je ne sais pas, a avoué Abi.

- Pythagore, il s'appelle comment l'ange des nuages ? a demandé Binti en se retournant vers le robot.

Bililibilip. Désolé, je ne connais pas la réponse.

Oh ! C'était bien la première fois que Pythagore avouait ne pas pouvoir répondre à une question. Abi, lui, n'était pas vraiment étonné.

- Mais est-ce que tu connais au moins le nom de l'ange qui est chargé de transmettre la révélation divine ? a demandé Abi.

Bililibilip. Non.

- Moi je sais ! j'ai dit. C'est l'ange Jibril 'alayhi salam.

- Bravo, s'est exclamé Abi. Tu vois, tu es plus intelligent que ce robot. Et dis-moi, Pythagore, qui est le Prophète de l'Islam ?

Bililibilip. Mahomet.

- Aïe ! a dit Abi en faisant une grande grimace. Binti, peux-tu le corriger ?

- Bien sûr, a dit Binti toute fière. D'abord, on ne dit pas Mahomet, mais Muhammed sallallahu 'alayhi wa salam. Il était le fils de 'Abdullah fils de 'Abdul-Muttalib fils de Hashim. Il est né à la Meccah et est mort à l'âge de 63 ans à Madinah.

- Macha Allah, a dit Abi. Toi aussi, tu es beaucoup plus intelligente que ce robot.

Abi avait l'air vraiment agacé que Pythagore ne soit pas capable de répondre correctement à ce genre de question. Oummi nous avait rejoints en apportant un café à Abi.

- Y a un truc qui ne va pas ? a demandé Oummi à Abi.

- Oui, a confié Abi. Il semble que ce robot soi-disant intelligent ne connaisse absolument rien à l'Islam.

- Ce n'est pas vraiment étonnant, a souri Oummi.
Abi était d'accord avec Oummi, mais il a dit que cela pouvait être problématique avec nous, les enfants, car Pythagore aurait pu nous transmettre des informations en désaccord avec l'Islam sans que nous soyons capables de distinguer le vrai du faux.

- Walad, m'a ordonné Abi, amène la boîte de rangement du robot. C'est décidé, on va le remettre dedans le temps que le voisin rentre de son voyage.

- Mais, tu lui avais promis de le laisser sur une commode ? a fait remarquer Oummi.

- Ah oui, mince, a marmonné Abi, qui était bien embêté car il ne pouvait pas rompre son engagement.
C'est alors que j'ai proposé que le robot aille à la mektaba d'Abi et qu'il soit posé sur les étagères avec les autres lampes électroniques. Personne n'y verrait rien !

Oummi a dit que c'était une bonne idée et qu'en plus, la boutique d'Abi était beaucoup plus sûre que la maison car elle avait un système d'alarme hyper performant.
Abi a accepté et c'est ainsi que Pythagore a quitté la maison le jour-même.

On ne va pas se mentir : Binti et moi étions quand même tristes de voir partir Pythagore. C'était un robot super bien malgré tout.

11. Quel choc !

Nous étions jeudi midi et, exceptionnellement, je n'avais pas cours cet après-midi.
La maîtresse était malade et sa remplaçante, la directrice, également. Apparemment, la cantine de l'école avait encore fait des dégâts.

Une partie des enfants de la classe était restée à l'école, répartie dans plusieurs classes, pendant que d'autres avaient pu partir accompagnés de leurs parents. C'était mon cas.
Abi est venu me chercher à l'école pour que je puisse finir la journée avec lui à son travail.

Sur la route, Abi s'est arrêté vite fait à une station pour me prendre une glace. L'après-midi débutait bien et j'étais déjà impatient de raconter tout cela à Binti, en rentrant ce soir.

J'aime beaucoup me retrouver dans la boutique d'Abi. C'est un endroit extraordinaire où se mélangent toutes sortes d'objets : livres, vêtements, gadgets, parfums...

Dernièrement, Abi a même décidé de vendre des petits oiseaux dans des cages. L'idée lui est venue d'un ami qui tient une animalerie. Il s'est dit que ça ne coûtait rien d'en poser un ou deux sur le comptoir et de voir si les clients voulaient en acheter. J'aime passer mon temps à les regarder. Ils sont amusants.

Je leur donne parfois des graines de tournesol ; ils sont beaucoup plus habiles que moi pour les ouvrir !

En me baladant dans les rayons, je suis passé devant l'étagère des veilleuses électroniques.

Ce sont des petites lampes qu'on branche et qui font de la lumière et du son. Avec la télécommande, on peut choisir la couleur et aussi la bande sonore parmi des invocations et des sourates du Coran.

Abi m'a dit que ça venait de Chine, comme la plupart des gadgets présents ici.

- En levant la tête, j'ai aperçu Pythagore tout en haut de l'étagère !

Abi l'avait mis tout en haut pour que personne ne puisse l'atteindre.

Abi ! j'ai crié. Ce n'est pas ce soir que le voisin doit passer à la maison pour reprendre son robot ?

- Ah oui ! a confirmé Abi qui avait oublié. Heureusement que tu es là pour me le rappeler. En plus, faut le nettoyer...

- Est-ce que je peux le faire ? j'ai demandé.

- Très bien, a répondu Abi. Mais fais très attention s'il te plaît.

Super ! J'avais à présent une mission à accomplir.

Pour y parvenir, je m'étais armé de deux outils indispensables : un escabeau et un blaireau anti poussière que j'étais parti chercher dans la petite salle d'eau de la boutique.

Après avoir bien analysé les lieux, j'ai commencé à installer l'escabeau. Ce n'était pas vraiment stable mais bon, j'avais déjà fait pire. Une à une, j'ai monté les marches jusqu'à me retrouver à la hauteur du robot.

Et là…
Je ne sais pas comment j’ai fait mon compte, mais le robot m’a glissé des mains !

Il est tombé directement sur le sol carrelé en faisant un bruit sourd.

Heureusement, les cris des oiseaux avaient dissimulé le bruit et Abi n'avait pas entendu.

En descendant de l'escabeau à toute vitesse, j'ai failli moi aussi me retrouver par terre, mais j'avais pu me rattraper de justesse en m'aidant du blaireau.

Après un rapide examen, Pythagore ne semblait avoir, étonnamment, aucune trace d'impact. Même pas une rayure. Le voisin avait dû le fabriquer à partir du même matériau que sa fusée à protons.

Afin d'en avoir le cœur net, j'ai décidé de l'allumer et de voir s'il marchait encore. Je l'ai fait discrètement pour qu'Abi n'entende pas...

- Pythagore, j'ai dit à voix basse, tu peux t'allumer ?
Bililibilip... Bililibilip...
Ouch. Ce n'était pas bon signe. Les petits yeux lumineux du robot ne s'allumaient plus. À la place, un long trait lumineux ne cessait de clignoter.

- PY-THA-GO-RE, j'ai dit un peu plus fort. Allume-toi s'il te plaît, sinon mon Abi va vraiment me crier dessus...
Tout d'un coup, le trait a cessé de clignoter et les yeux habituels sont revenus.
Bililibilip. Bnujuor Wlaad. Comemnt pius-je te srevir ?
Ce n'était pas bon signe ça. Pythagore avait du mal à parler. Peut-être que son logiciel ou son programme en avaient pris un coup. Mais que faire ??

Il ne fallait surtout pas paniquer. Il y avait forcément un moyen de régler cela.

Abi a dit que Pythagore était un robot intelligent capable d'apprendre en regardant son entourage.
Très bien. Et si je lui apprenais à parler à nouveau ?
Dans la boutique d'Abi, il y avait plein de livres ; je trouverais forcément une méthode pour apprendre rapidement une langue !

Je suis parti comme une fusée dans le rayon éducatif et j'ai commencé à chercher...
Bon. Nouveau problème.
Il n'y avait que des livres pour apprendre la langue arabe !
Mais pas le choix, il fallait à tout prix que j'agisse vite.

J'ai pris une collection de livres au hasard et je l'ai apportée à Pythagore.
Je me suis placé devant lui et j'ai commencé à lui montrer le premier tome d'une méthode nommée Awlad School !

- Pythagore, regarde, j'ai dit. Voici la première page du livre pour apprendre la langue arabe. Comme ça, tu pourras t'exprimer sans problème.

Pythagore semblait avoir compris puisqu'il avait enclenché son scanner pour lire le contenu. Il allait hyper vite ! Contrairement à moi.
Et y avait encore au moins 700 pages à passer au scan pour finir la méthode complète.
Il fallait que je trouve une astuce...

Qu'aurait fait Binti si elle était à ma place ? Elle qui a toujours des idées bizarres.

Mais oui !

En regardant autour de moi, j'ai vu un ventilateur posé sur l'étagère. Je l'ai pris et je l'ai posé à côté du livre pour faire en sorte que le souffle fasse tourner les pages rapidement.

Grâce à cette idée révolutionnaire, Pythagore a pu scanner une méthode complète d'apprentissage de langue arabe en moins de deux minutes !

C'était le moment de tester ça...

- Pythagore, j'ai dit. Assalam'alaykum.

Bililibilip. Wa'alaykum salam habibi !

Habibi ??

Super, ça marchait, mais je ne comprenais pas pourquoi il m'avait appelé « mon amour » ?
Une page avait peut-être été mal lue à un moment. Dans le doute, j'ai décidé d'aller chercher de nouveaux livres et j'en ai profité également pour ajouter des livres religieux et le Coran.

Le ventilateur tournait à fond et en moins de trente minutes, Pythagore venait d'assimiler plus de 25 livres ! C'était incroyable à voir.

- WALAD !! a crié Abi du fond du magasin. Il faut qu'on y aille. T'as fini ?

- Oui oui Abi ! J'ai dit en paniquant et en rangeant à toute vitesse les livres.

J'ai ensuite pris le robot, je l'ai remis dans sa boîte et j'ai rejoint Abi sans m'attarder.

Une fois dans la voiture, j'ai commencé à avoir de sérieux doutes sur mon plan. Et si j'avais fait pire ?
Qu'allait-il se passer lorsque le voisin verrait que Pythagore parlait à présent arabe ??
Et si Abi apprenait la vérité ???

12. Moment de vérité

Abi avait décidé de rentrer le robot à la maison. Il avait peur qu'il lui arrive quelque chose dans la voiture.
Il a posé la boîte dans le couloir, près du salon. Oummi est arrivée.

- Ayé ? elle a demandé. On va enfin s'en débarrasser ?

- Eh oui ! a dit Abi tout soulagé. Et crois-moi, il ne va pas me manquer.

- Tu l'avais mis où dans la boutique ? a demandé Oummi.

- Il était en haut d'une étagère, avec d'autres lampes, il a répondu. J'ai demandé à Walad de le nettoyer avant de le remettre dans sa boîte.

- À Walad ?? a repris Oummi, pas très rassurée. Si j'étais toi, je vérifierais quand même que tout va bien... Et qu'il n'a pas mis une lampe à la place ? Ha ha !
Abi a commencé à avoir un doute. Il a ouvert la boîte et a posé le robot sur la commode.

- Mais non, tu vois : c'est lui ! a dit Abi tout soulagé.
Et d'un coup, une chose complètement inattendue s'est déroulée sous les yeux de toute la famille :
Pythagore a commencé à faire l'adhan !!
Abi et Oummi se sont regardés pour essayer de comprendre...
Le plus étonnant était que c'était vraiment l'heure de la prière en plus.
Abi a réfléchi un peu à la situation et a proposé une hypothèse :

- Je pense comprendre. Le robot est resté plusieurs jours dans la boutique. Il a peut-être entendu à plusieurs reprises les horloges alarmes spéciales pour les mosquées que je vends. Il a donc assimilé les horaires et à présent, il répète ce qu'il a entendu ?

- Peut-être, a dit Oummi.

La situation est devenue un peu plus problématique lorsque Pythagore a récité une invocation à la fin de l'adhan.

- Ah là, c'est vraiment étrange, a constaté Abi. Les horloges de la boutique ne font pas cette invocation.

Abi, qui commençait à avoir un doute, s'est alors retourné vers moi et m'a demandé :

- Walad. Tu n'as rien à me dire à ce sujet ?

- Euuuh... .

- WA-LA-D ?? a demandé Abi en insistant bien sur les syllabes. Si tu as un truc à dire, c'est MAINTENANT.

Oummi s'est approchée de moi et a commencé également à me mettre la pression en me regardant droit dans les yeux.

Cette fois, il était temps de m'expliquer...

J'ai alors raconté tout ce qui s'était passé dans la boutique : l'escabeau, le robot qui tombe et qui n'arrive plus à parler le français, les livres d'apprentissage de langue arabe, le ventilateur...

Abi était vraiment en colère contre moi.
Il ne supporte pas quand je lui cache quelque chose. Binti, elle, a trouvé mon idée de ventilateur rigolote.
Et Oummi, c'était comme Abi, mais en pire.

- Walad ! a tonné Oummi. Tu te rends compte un peu de ce que tu as fait ? C'est très très grave !

- Je suis désolé, j'ai dit tout bas. J'avais peur de me faire crier dessus...

- Walad, a dit Abi. On t'a déjà dit que c'était encore PIRE quand tu mens et que tu caches les choses ! Si tu fais tomber un objet, ce n'est pas grave. Ça peut arriver à tout le monde. Par contre, si tu nous le caches, comment veux-tu réparer ton erreur ?

Pour vérifier les dégâts, Abi a parlé au robot en plusieurs langues :

- Pythagore. What time is it ?

Bililibilip. It's ten to nineteen.

- Ok. Welches Jahr ist das ?

Bililibilip. 2018.

- Très bien. Et en quelle saison sommes-nous ?

Bililibilip. Nuos soemms au pnirtmeps.

Après ce petit test, Abi en a déduit que Pythagore comprenait bien toutes les langues, mais qu'il avait juste du mal à parler le français. Binti a alors proposé une solution :

- Et si on faisait comme Walad ?

- De quoi ? j'ai demandé. On le jette par terre ?

- Mais non ! elle a rectifié. On lui réapprend le français ! Je ramène tous mes livres d'école, avec le dictionnaire, et on lui fait lire !

- Pourquoi pas, a dit Abi. Mais on n'a pas de ventilateur à la maison... ça risque d'être trop long à la main.

- On n'a qu'à le faire avec mon séchoir ? a proposé Oummi.

- Super idée !! ont dit Abi et Binti en même temps.
Rapidement, tout le monde s'est agité dans son coin pour mener à bien l'opération.

Moi, de mon côté, j'étais chargé de regarder par la fenêtre pour voir si le M. Stroggof arrivait.

- Trente minutes plus tard, Pythagore avait assimilé toute la langue française et pouvait à nouveau parler normalement.

Abi l'a remis ensuite dans sa boîte et l'a placé dans le couloir au moment précis où le voisin était en train d'arriver !

Chose étrange, par la fenêtre, j'ai aperçu M. Stroggof dans une immense limousine blanche.

Comme d'habitude, Abi est resté sur le palier à discuter avec M. Stroggof, pendant que toute la famille attendait impatiemment dans le salon.

Pendant la discussion, c'était l'heure de la prière du 'Icha, du coup Pythagore a fait l'adhan.

De là où nous étions, il nous était impossible de connaître la réaction du voisin. Impossible également d'entendre ce qu'ils étaient en train de se dire.
Oummi ne tenait plus en place.
Au bout de 15 minutes, Abi a fermé la porte puis nous a rejoints dans le salon.

- ALORS ? ALORS ? a demandé Oummi.

- Vous n'allez jamais me croire, a dit Abi en souriant. M. Stroggof est arrivé en limousine, mais ce n'était pas la sienne. C'était celle d'un client important qu'il a rencontré dans l'avion, au retour de Russie. Après avoir discuté de sa dernière invention, le client lui a fait part de sa volonté de l'acquérir au plus vite, sans délai. Son gouvernement recherchait justement ce genre de robot pour le développement de l'intelligence artificielle au sein des écoles. M. Stroggof et ce client mystère sont donc venus directement de l'aéroport à la maison, pour prendre possession du robot.

- Oui, mais comment a-t-il réagi en entendant Pythagore faire l'adhan ?? a demandé Oummi. Peut-être qu'on lui a gâché sa vente ?!

- Attendez, a continué Abi toujours en souriant. C'est là que ça devient intéressant. Le client nous a rejoints un moment sur le palier. Il était impatient de voir ce robot intelligent. Mais lorsqu'il a vu sa forme bizarre, il a changé d'avis... il n'était plus intéressé.

- Et ??? s'est impatientée Oummi.

- Et, c'est à ce moment-là que Pythagore a fait l'adhan ! Et lorsque le client a entendu cela, il a changé d'avis et a décidé de le prendre !!

- Mais… je ne comprends absolument rien ! a dit Oummi… pourquoi un client russe serait content d'avoir un robot qui fait l'adhan ??

Je n'ai jamais dit que le client était russe, a rétorqué Abi amusé.

J'ai juste dit qu'il rentrait de Russie.
En réalité, le client était…
… un cheikh des Émirats arabes unis !

FIN